U0364876

"十四五"时期国家重点出版物出版专项规划项目

"中国饭碗"丛书

丛书主编 师高民

光华灿烂·谷子

冯佰利 宋慧 编著

南京出版传媒集团
南京出版社

图书在版编目（CIP）数据

光华灿烂·谷子 / 冯佰利，宋慧编著. –– 南京：
南京出版社，2022.6
（中国饭碗）
ISBN 978–7–5533–3440–0

Ⅰ.①光… Ⅱ.①冯… ②宋… Ⅲ.①谷子—青少年
读物 Ⅳ.①S515–49

中国版本图书馆CIP数据核字（2021）第212402号

丛 书 名　"中国饭碗"丛书
丛书主编　师高民
书　　名　光华灿烂·谷子
作　　者　冯佰利　宋慧
绘　　图　姚婳绮
插　　画　程焜　张飞飞　王云浩
出版发行　南京出版传媒集团
　　　　　南 京 出 版 社
　　社址：南京市太平门街53号　　邮编：210016
　　网址：http://www.njcbs.cn　　电子信箱：njcbs1988@163.com
　　联系电话：025-83283893、83283864（营销）　025-83112257（编务）

出 版 人　项晓宁
出 品 人　卢海鸣
责任编辑　王　雪
装帧设计　赵海玥　王　俊
责任印制　杨福彬

制　　版　南京新华丰制版有限公司
印　　刷　南京凯德印刷有限公司
开　　本　787毫米×1092毫米　1/32
印　　张　4.5
字　　数　69千
版　　次　2022年6月第1版
印　　次　2024年10月第2次印刷
书　　号　ISBN 978-7-5533-3440-0
定　　价　28.00元

用微信或京东
APP扫码购书

用淘宝APP
扫码购书

编委会

特邀顾问

郗建伟　戚世钧　卞　科　刘志军　李成伟　李学雷
洪光住　曹幸穗　任高堂　李景阳　何东平　郑邦山
李志富　王云龙　娄源功　刘红霞　李经谋　常兰州
胡同胜　惠富平　魏永平　苏士利　黄维兵　傅　宏

主编单位

河南工业大学　　　　　　中国粮食博物馆

支持单位

中国农业博物馆　　　　银川市粮食和物资储备局
西北农林科技大学　　　沈阳师范大学
隆平水稻博物馆　　　　中国农业大学
南京农业大学　　　　　武汉轻工大学
苏州农业职业技术学院　洛阳理工学院

总序

　　"*Food for All*"（人皆有食），这是联合国粮食及农业组织的目标，也是全球每位公民的梦想。承蒙南京出版社的厚爱，我有幸主编"中国饭碗"丛书，深感责任重大！

　　"中国饭碗"丛书是根据习近平总书记"中国人的饭碗任何时候都要牢牢端在自己手中，我们的饭碗应该主要装中国粮"的重要指示精神而立题，将众多粮食品种分别著述并进行系统组合的系列丛书。

　　粮食，古时行道曰粮，止居曰食。无论行与止，人类都离不开粮食。它眷顾人类，庇佑生灵。悠远时代的人们尊称粮食为"民天"，彰显芸芸众生对生存物质的无比敬畏，传达宇宙间天人合一的生命礼赞。从洪荒初辟到文明演变，作为极致崇拜的神圣图腾，人们对它有着至高无上的情感认同和生命寄托。恢宏厚重的人类文明中，它见证了风雨兼程的峥嵘岁月，记录下人世间纷纭精彩的沧桑变迁。粮食发展的轨迹无疑是人类发展的主线。中华民族几千年农耕文明进程中，笃志开拓，筚路蓝缕，奉行民以食为天的崇高理念，辛勤耕耘，力田为生，祈望风调雨顺，粮丰廪实，向往山河无恙，岁月静好，为端好养育自己的饭碗抒写了一篇篇波澜壮阔的辉煌史诗。香火旺盛的粮食家族，饱经风雨沧桑，产生了众多优秀成员。它们不断繁衍，形成了多姿多彩的粮食王国。"中国饭碗"丛书就是记录这些艰难却美好的文化故事。

我国古代曾以"五谷"作为全部粮食的统称，主要有黍、稷、菽、麦、稻、麻等，后在不同的语境中出现了多种版本。在文明的交流融汇中，各种粮食品种从中东、拉美和中国逐步播撒五洲，惠泽八方。现在人们广泛称谓的粮食是指供食用的各种植物种子的总称。

随着人类社会的发展、科技的进步和人们对各种植物的进一步认识，粮食的品种越来越多。目前，按照粮食的植物属性，可分为草本粮食和木本粮食，比如，水稻、小麦、大豆等属于草本粮食；核桃、大枣、板栗等则是木本粮食的代表。按照粮食的实用性划分，有直接食用的粮食，比如，小麦、水稻、玉米等；也有间接食用的粮食，比如说油料粮食，包括油菜籽、花生、葵花籽、芝麻等。凡此，粮食种类不下百种，这使得"中国饭碗"丛书在题材选取过程中颇有踌躇。联合国粮食及农业组织（FAO）指定的四种主粮作物首先要写，然后根据各种粮食的产量大小和与社会生活的密切程度进行选择。丛书依循三类粮食（即草本粮食、木本粮食和油料粮食）兼顾选题。

对于丛书的内容策划，总体思路是将每种粮食从历史到现代，从种植到食用，从功用到文化，叙写各种粮食的发源、传播、进化、成长、布局、产能、生物结构、营养成分、储藏、加工、产品以及对人类和社会发展的文化影响等。在图书表现形式上，力求图文并茂，每本书创作一个或数个卡通角色，贯穿全书始终，提高其艺术性、故事性和趣味性，以适合更大范围的读者群体。力图用一本书相对完整地表达一种粮食的复杂身世和文化影响，为人们认识粮食、敬畏粮食、发展粮食、珍惜粮食，实现对美好生活的向往，贡献一份力量。

凡益之道，与时偕行。进入新时代，中国人民更加关注食物的营养与健康，既要吃得饱，更要吃得好、吃得放心。改革开放以来，我国的粮食产量不断迈上新台阶，2021年，粮食总产量已连续7年保持在1.3万亿斤以上。我国以占世界7%的土地，生产出世界20%的粮食。处丰思歉，居安思危。在珍馐美食和饕餮盛宴背后，出现的一些奢靡浪费现象也令人触目惊心。恣意挥霍和产后储运加工等环节损失的粮食，全国每年就达1000亿斤以上，可供3.5亿人吃一年。全世界每年损失和浪费的粮食数量多达13亿吨，近乎全球产量的三分之一。"一粥一饭，当思来之不易；半丝半缕，恒念物力维艰。"发展生产，节约减损，抑制不良的消费冲动，正成为全社会的共识和行动纲领。

"春种一粒粟，秋收万颗籽"，粮食忠实地眷顾着人类，人们幸运地领受着粮食给予的充实与安宁。敬畏粮食就是遵守人类心灵的律法。感恩、关注、发展、爱惜粮食，世界才会祥和美好，人类才会幸福生活。我们在陶醉于粮食恩赐的种种福利时，更要直面风云激荡中的潜在危机和挑战。历朝历代政府都把粮食作为维系国计民生的首要战略目标，制定了诸多重粮贵粟的政策法规，激励并保护粮食的生产流通和发展。行之有效的粮政制度发挥了稳邦安民的重要作用，成为社会进步的强大动力和保障。保证粮食安全，始终是国家安全重要的题中之义。

国以民为本，民以食为天。在习近平新时代中国特色社会主义思想指引下，全国数十位专家学者不忘初心、精雕细琢，全力将"中国饭碗"丛书打造成为一套集历史性、科技性、艺术性、趣味性为一体，适合社会大众特别是中小学生阅读的粮食文化科普读物。希望这套丛书有助于人们牢固树立总体国家安全观，深入实施国家粮食安全战略，进一步加强粮食生产能力、储备能力、流通能力建设，推动粮食产业高质量发展，提高国家粮食安全保障能力，铸造人们永世安康的"铁饭碗""金饭碗"！

师高民

（作者系中国粮食博物馆馆长、中国高校博物馆专业委员会副主任委员、河南省首席科普专家、河南工业大学教授）

前言

　　浩瀚天地，一粒谷子用尽全身力气，推开压在身上的厚厚的泥土，伸展出"猫耳朵"状的嫩芽，迎着太阳开始了直面风雨的一生。从现在开始，本书将带领读者朋友们，一起穿越数千年的历史长河，共同探究谷子的前世今生。

　　谷子，古称为粟，泛称为禾，去皮后称为小米，是中国北方农耕文明建立和发展的核心作物之一，也是世界上栽培驯化最早的粟类作物。据考古学家考证，谷子约在一万年前被驯化，成为先民们主要的食物来源。从河北磁山文化遗址中碳化粟的大量出土，到殷墟甲骨文中关于"禾"的记载，足以证明了谷子在中国古代农业中的重要地位。谷子具有耐寒、耐旱、耐瘠、耐储存的特点，是环境友好型作物。在幅员辽阔的中国，无论是在纵横的沟壑里，还是在错落的梯田间，都能看到谷子的身影。在适宜的温度下，谷子只需吸收本身重量26%的水分即可发芽，比高粱、小麦的需水量要低。此外，谷子每生产1克干物质需要水257克，需水量明显低于玉米（369克）和小麦（510克），以奉献的姿态与自然维系着天然平衡。谷子经过脱壳加工出的小米粒儿脂质如玉，富含蛋白质、B族维生素、矿物质等，是公认的健康保健食品。在艰苦卓绝的抗战时期，中国人民用"小米加步枪"赶走了日本侵略者，谷子有着和中华民族一样坚韧而伟大的抗争精神。

中国不仅是谷子的起源国，还是谷子的主要生产国和科学研究国。中华人民共和国成立初期，我国科学家便开展了对谷子种质资源收集鉴定、新品种培育、栽培植保和食品加工等方面的系统研究。因此，我国成为世界上拥有谷子种质资源最多，高效栽培技术最先进的国家。但是谷子与水稻、小麦、玉米等大宗作物相比，在基础研究、产量和机械化生产技术方面仍有很大的差距。在国家调整农业结构，转变生产方式的新形势下，尤其是2008年以来，在国家科技支撑计划、重点研发计划、现代农业产业技术体系等项目的支持下，谷子研究进入了新时代科技创新攻坚战阶段，在免间苗轻简化栽培、品质提升、全程机械化管理、产业链延伸等领域取得了长足的进步，极大地推动了谷子生产和产业化的发展。

本书主要介绍谷子的起源与传播、种植、储存、加工、管理等内容。内容在遵循科学性的同时，增加了通俗性和趣味性，激发读者的好奇心，使其产生阅读兴趣，从而传播谷子文化和精神，树立节粮爱粮的意识，坚定中国饭碗装中国粮的信念。

目录

　　大家好，我叫粟小宝，是土生土长在中国的一粒谷子，脱掉外衣后露出金灿灿的身体，人们更愿意称为小米粒儿。

　　在小麦传入中国、水稻跨越长江进入黄河流域之前，是谷子和同宗糜子这种本土作物滋养了华夏文明，与天地和谐共生，与人类休戚与共。

　　今天，粟小宝就带大家穿越时空，追随谷子（粟）的脚步，体会花的绽放、形的变换、味的调和……

一、名贯"谷"今话渊源

在中华民族历史的长河里，谷子穿过时间的迷雾，向我们款款走来。在原始部落熊熊燃烧的篝火堆旁，谷子目睹了不再疲于游走的妇孺安然入睡的甜美；在镐京残存的断垣里，它听见了故地重游的东周大夫"知我者，谓我心忧。不知我者，谓我何求"的悲吟；它是孔子周游列国"知其不可而为之"坚定信念强有力的支撑；它是科举时代意气难平的落魄书生抚慰心灵最好的寄托；它是黎民百姓赖以生存的"天"；它是王侯将相身份和财富的象征……它每一凝神，艺术的殿堂便会为之动容；它每一投足，人类历史的进程就会有所变幻。

　　如果沿着长河逆流而上，你会惊讶地发现，是谷子（粟）为先民们推开了华夏农耕文明之窗，让先民由野蛮步入了文明之旅。在磁山文化的窖穴中，在半坡遗址的陶罐里，在裴李岗文化遗址里，考古学家们都发现了粟作遗存。这无不昭示着，它早已被先祖驯化并种植，成为人类餐桌上的不可替代的美味佳肴，为人类止息流浪的脚步提供了有力的保证，为中华文化的赓续输送了源源不断的养分。在一个漫长的历史时期，粟位列五谷之首，与黍、稻、麦、菽被统称为"五谷"。

粟作遗存

20世纪50年代，著名作家赵树理深入农业生产第一线，体验生活，搜集创作素材时，被黄土高原上一派沉甸甸的大谷穗等待收获的景象所感染，即兴创作出快板诗《谷子好》，形象准确地描述了谷子耐旱、耐瘠、适应性广、耐储存、营养丰富等优点。快板诗语调欢快，脍炙人口，经久流传。

谷 子 好

赵树理

谷子好，谷子好，吃得香，费得少，

你要能吃一斤面，半斤小米管你饱；

爱稀你就熬稀粥，爱干就把捞饭捞；

磨成糊糊摊煎饼，满身窟窿赛面包。

谷子好，谷子好，又有糠，又有草，

喂猪喂驴喂骡马，好多社里离不了。

谷子好，谷子好，抗旱抗风又抗雹，

有时旱得焦了梢，一场透雨又活了；

狂风暴雨满地倒，太阳一晒起来了；

冰雹打得披了毛，秀出穗来还不小。

谷子好，谷子好，可惜近来种得少，
不说咱们不重视，还说谷子产量小；
想想近来好几年，咱对玉茭怎关照？
深翻地，勤锄草，密植保苗追肥料，
天天钻在玉茭地，常把谷子忘记了；
谷子好像前房子，玉茭好像亲宝宝。
亲生儿子应亲看，前房儿子怎丢掉？
谷子好，谷子好，一到分粮想起了——
少配一斗噘着嘴，多配一斗哈哈笑。
谷子好，谷子好，一喂牲口想起了——
要是多种几亩谷，哪用天天割野草？
谷子好，谷子好，一遇灾情想起了——
要是多种几亩谷，哪用国家把粮调？
谷子好，谷子好，应对谷子多关照，
谁对谷子看不起，快把偏心早去掉。
也深翻，也保苗，追肥浇水样样到，
你和玉茭一样待，看看它能打多少！

随着国家乡村振兴战略的实施，谷子作为杂粮作物的代表，在保障国家粮食安全、农业经济可持续发展等方面将发挥重要作用。那么，谷子（粟）究竟是从哪里来的呢？此刻让我们一起跨越时空，开启探究谷子一生的奇妙旅程吧！

1. 追本"粟"源

相信大家在田间地头见过一种杂草——狗尾草，叼在嘴里玩过吧？嬉戏时，拿狗尾草相互挠过痒吧？那种美好的感觉是不是记忆犹新呢？告诉大家一个秘密：谷子就是从不起眼的狗尾草蜕变而来的！当然这个过程是漫长的，可没有大家想象得那么简单噢！

狗尾草，因其成熟后长出一根细长的果穗，挂满千万颗籽粒，毛茸茸地在风中摇曳，仿佛调皮的小狗在摆动尾巴，故而得名。狗尾草属禾本科、狗尾草属，是很常见的一种杂草类植物。谷子也属于禾本科、狗尾草属的一年生植物。与狗尾草相比，谷子的茎秆粗壮、分蘖少，有狭长披针形叶片；穗状圆锥花序，每穗结实数百至上千粒，谷穗成熟后一般呈金黄色，籽实呈卵圆形、粒小、多为黄色。

人类研究谷子起源始于20世纪40年代，科学家们分析了谷子和青狗尾草、法式狗尾草的杂交后代，确定了狗尾草是谷子的野生祖先。20世纪90年代后，随着细胞学技术、分子生物学技术的进步，国内外对谷子近缘种的系统研究进入快速发展阶段，确定了多个谷子近缘种的染色体分组和组成，以及狗尾草属谷子近缘种系统衍化关系。

狗尾草向谷子的华丽转身是如何实现的呢？普通狗尾草植株矮小、生物产量低、易落粒，不能满足人们生产和生活的需要。但是先民们在生产实践中发现了狗尾草的自然变异现象，于是从中选择植株高大、穗大、不落粒、分蘖少、香味足等高产、适于栽培的变异个体进行种植，经过数千年的栽培驯化和定向改良，一批高产、优质、抗病、抗倒伏的谷子新品种就这样诞生了，狗尾草就一步一步变成了现在生产中栽培的谷子品种。

中国有个成语"良莠不齐"，其中的"良"指的是长得壮实、颗粒饱满的谷子，比喻品质好的；而"莠"指的是狗尾草，比喻品质坏的。所以，"良莠不齐"是指好的坏的混杂在一起，它的近义词是"鱼龙混杂"，

狗尾草

谷子

大家别把它和"参差不齐"混为一谈哟！

关于谷子的来历，民间还流传着一个有趣的故事。很久以前，在太行山南麓，人们以采摘野果、野菜和猎捕动物为生。初春的一天，天空中飞来一只小鸟，嘴里衔着一些圆圆的小东西，一不小心掉下一粒。人们捡起它，捧在手心里看啊看，一阵风吹来，这个圆圆的东西被吹落到石头缝里。

正当人们思索着如何取出这个圆圆的东西，一只小蚂蚁衔着它，从石缝下面慢慢地爬了上来。人们非常高兴地从蚂蚁身上取下它，并小心翼翼地将它埋在大石头旁的土壤里。几天后，一棵青苗竟长了出来。秋天到了，青苗长出了毛茸茸的穗儿，像小狗的尾巴

一样。好奇的人们天天守候并观察它，小心地浇水，呵护着这神奇的新物种。毛茸茸的穗儿慢慢地由青变黄，由蓬松变紧致，满身的浑圆颗粒争先突显。人们把穗儿掐下来，用手细心地揉搓，好多金黄色的小颗粒蹦了出来。

这些金黄色的小颗粒能吃吗？人们带着满腹的疑惑将小颗粒进行烹煮，不一会儿，一股清香从锅中飘出来，人们尝了一口这从未吃过的东西，惊奇地发现居然唇齿留香！于是，人们把蚂蚁用嘴衔着种子从石缝里爬上来的过程，用象形字刻画了下来，而这个象形字就是"谷"字。

"谷"字的演变

故事虽然有趣，但传说终归是传说，它无法为谷子的追本溯源提供有价值的信息。可喜的是，经过无数科学家锲而不舍地探索，谷子来历的神秘面纱终于被揭开：谷子的祖先竟然是我们在田间地头司空见惯的狗尾草。

当然，就像森林里的猿猴没办法直接蜕变成人类一样，狗尾草进化成为谷子的过程也是极其漫长的。

2.历经演变

谷子作为中国北方最古老的作物之一，在我国的农耕文明中一直占有举足轻重的地位。但考究其来源，学术界却是众说纷纭。最流行的是东亚（中国）起源说、欧洲起源说和南亚起源说这三种观点。以前的研究大多倾向于多个起源中心，或者欧洲和中亚独立起源。近年来，我国和日本学者研究发现，谷子可能是单起源中心。

植物学家德堪多认为，谷子起源于中国华北，史前时期由亚欧大陆的大草原经阿拉伯、小亚细亚传入东欧、中欧等地区。

国内对谷子传播的研究则更加详细，中国现代考古专家石兴邦研究总结认为，谷子的传播是以黄河中游地区为中心，从西北传到新疆；向东北传到吉林、辽宁、黑龙江地区；向南传到长江中下游、淮河流域和东南沿海等地区。

3. 谷秀华夏

　　"火"的发现与利用，是人类发展史上的一件壮举，让人类的生活实现了许多跨越，为他们步入农耕文明奠定了坚实的基础。人类的食物逐渐由生食转为半生食或熟食，居住方式由不定居逐渐转为半定居。人类转为半定居后，白天出去采集或猎取食物，晚上回到火堆旁分食和休息，食物的来源逐渐减少，迫使人类向畜牧业和种植业发展。

　　谷子具有顽强的生命力，被火烧过的地方，埋藏在土壤中的种子依然能够发芽、生长和结实，而且营养又比较丰富，于是被先民选中，以谷子为主的古代种植业便在刀耕火种下产生了。

裴李岗出土的石磨盘和石棒

甲骨文"禾"字的写法

　　伴随着黄河流域谷子的出现与种植，人们也从流动采食、半定居转向定居生活。稳定的生活也给文化的繁荣带来了契机，随着天文、地理等知识的快速发展，甲骨文便应运而生了。甲骨文的"禾"字，最上部的短斜画表示谷穗；中间的长竖线表示禾秆；上部两个短斜画表示谷子的叶子；下部的两个短斜画表示谷子的根部。整体像一棵成熟的谷穗沉甸甸下垂的模样。

　　为了提高劳动效率，古代劳动人民充分发挥自己的聪明才智，制作了各种各样的工具，如爪镰（古时叫作铚）、铁犁等，有些工具甚至沿用至今。随着谷子产量的不断提高，昔日皇家贡品今成百姓盘中餐，这种"身份"的转变与劳动人民的辛勤劳作密不可分。农耕文明与谷子紧密相连，中国古代文明也因此不断地飞跃和升华，孕育出更加灿烂的文化。

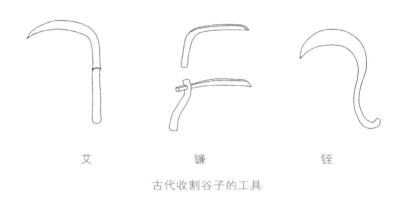

艾　　　　镰　　　　铚

古代收割谷子的工具

4. 文化传承

当谷子以文字符号的形式进入先民的精神世界时，必将深刻地影响并传递着他们对世界的认知，承载着他们内心深处的喜怒哀乐。甲骨文后，谷子有禾、粟、粱、稷等别称。我国的第一部现实主义诗歌总集《诗经》中有很多涉及谷子的内容，《甫田》中的"琴瑟击鼓，以御田祖。以祈甘雨，以介我稷黍"，展示的是先民为求粮食丰收而祭祀农神的场景；《黄鸟》中的"无啄我粱……无啄我黍"，表达了先民对谷子的珍惜；《硕鼠》中的"硕鼠硕鼠，无食我黍"，则反映出谷子在当时已成为主粮的事实。

《诗经》之后涉及谷子的作品更是不胜枚举。不论是伯夷、叔齐面对国家的灭亡，"义不食周粟，隐于首阳山，采薇而食之"的忠贞，抑或是《论语》中老人对于子路"四体不勤，五谷不分"的指责，及"杀鸡为黍而食之"的盛情待客之道，还是梁惠王"河内凶，则移其民于河东，移其粟于河内；河东凶亦然"的治国方略，无不昭示着粟也好，黍也罢，从来都不是一个单纯的粮食问题。从小处着眼，它事关一个人的礼仪、立场、原则；从大处着眼，它关乎一个民族、一个国家的前途与未来、生死与存亡。从某种意义上讲，一部谷子的进化史，就是一部中华民族的文化史。

"民以食为天"，谷子不仅是古代最主要的粮食之一，也曾经是参与市场流通的"主力军"。而最早的实物交换流通形式，就是谷子与其他物品的交换。

我国古籍中也有关于谷子早期交换的记载。《易经》有曰："尧舜氏作……服牛乘马，引重致远，以利天下。"《淮南子·齐俗训》也提道："尧之治天下也……水处者渔，山处者木，谷处者牧，陆处者农……得以所有易所无，以所工易所拙。"渔者、木者、牧者、农者……他们之间会进行交换，而作为原始时代重要的粮食之一，谷子参与交换的比重当然不会太低。最初，这种交换可能仅仅限于氏族之间，但随着交换活动的扩大和社会关系的演变，氏族首领开始利用职权把交换来的物品据为己有。后来，交换进一步渗入氏族公社内部，氏族成员也把某些物品当作自己的东西进行交换，于是私有财产就渐渐出现了，也就形成了最初的商品交换。

古代谷子交易场景

当人类进入私有制社会后，最常见的交换形式还是谷子与货币的交换。对于一般农家而言，除了食用、留种和上交租税以外，农民会把剩余的谷子拿到市场上出售，换取一定的货币，再购买生产和生活的

谷子作为货物的交换媒介

必需品。不过，由于古代赋税沉重，一般农家出售的谷子可能很少，基本上还是自给自足，并不参与市场的流通。

谷子除了同货币一样用于等价交换外，还作为官吏的俸禄、赏赐以及补官拜爵和减刑、免罪之物，是财富的象征。谷子不仅是百姓向朝廷缴纳租税的重要粮食，还是官仓大量储积的"战备粮"和"救命粮"。在"兵马未动，粮草先行"的时代，谷子是战争赖以进行并且取得胜利的必不可少的首要物质条件，可谓"得谷者昌，失谷者亡"。

近代以来，中华民族遭受的苦难之重，付出的牺牲之大，在世界历史上都是罕见的。但是，为了争取民族解放、国家富强、人民幸福，无数先烈不怕艰难困苦，不怕流血牺牲，展现出不畏强权、奋起抗争、前仆后继、勇往直前的革命精神。这种伟大的革命精神与谷子耐寒、耐旱、耐瘠的"抗争"精神是多么的相似和契合。

在抗日战争和解放战争时期，小米作为革命根据地的主要粮食，因其营养丰富、耐饥、易携带等优点，成为中国共产党领导的革命军队的头等军粮，也成为中国共产党走向胜利的物质基础之一。

1946年8月6日，毛泽东在延安杨家岭会见美国记者安娜·路易斯·斯特朗。谈话一开始，毛泽东就向记者询问了美国方面的情况。斯特朗向毛泽东提出了："共产党能支持多久？如果美国使用原子弹怎么办？"毛泽东告诉斯特朗："原子弹是美国反动派用来吓唬人的一只纸老虎，看样子可怕，实际上并不可怕。决定战争胜负的是人民，而不是一两件新式武器。我们共产党人之所以有力量，是因为我们唤醒了人民的觉悟。在中国，我们共产党人只有小米加步枪，但事实将证明，我们的小米加步枪比蒋介石的飞机大炮还要强些。"他的谈话风趣而幽默，形容"一切反动派都是纸老虎"。

历史发展的结果证实了毛泽东的预言。陪伴中国人民一起走过峥嵘岁月的谷子，也被打上了红色文化的烙印。"谷子精神"也是粟文化走向巅峰的标志，它既继承了中华民族粟文化的精华，又体现出鲜明的时代特征，实现了对传统民族精神的丰富和超越。

二、"谷"往今来话今朝

　　一株株野草，经过人类的驯化与栽培，发生了本质的蜕变。一粒粒种子，被有力的大手一扬，就随风扎根沃土。用根与根的相连，叶与叶的相触，催绿了一方天地，丰盈了一片梦想。

　　谷子是农民们的希望。谷子在田地里努力地生长着，农民们在田垄里精心地守护着。每一次谷子的生长，都会在农民的手上留下一层厚厚的老茧，在农民的额头上刻下一道深深的皱纹。农民们为谷子担忧，也为谷子而开怀欢笑。

作为我国北方曾经最主要的粮食作物，谷子在我国地域分布非常广泛。在广西延续着跟小米有关的独特民俗——"放鸟飞"。

传说过去毛南山乡有位老法师，他有个心灵手巧、俊美出众的独生女，擅长以竹篾和菖蒲叶编百鸟，人称"小鸟姑娘"。她与一个小伙子相恋，老法师想考验一下未来女婿的本领，除夕那天，让他天黑前在山上撒满种子。本该撒谷种，但小伙子一着急，错撒成了糯稻种。老法师让他把种子全部捡回来，这可难住了小伙子。

小鸟姑娘看到此情景，让小伙子回家把两人过去编的百鸟都用箩筐装来。姑娘对着编的百鸟吹了口气，又对小伙子说了几句悄悄话。小伙子把百鸟带到山上，这些鸟很快便飞出去，捡回了所有的糯稻种，又在天黑前重新撒上了谷种。老法师得知后很高兴，同意正月十五小鸟姑娘出嫁。从此，便有了"放鸟飞"的节俗。

美丽的神话赋予了谷子传奇的色彩，其实不仅在广西，谷子的种植几乎遍布全国。

1. 面积回升

据《中国农业统计年鉴》的统计结果，中华人民共和国成立以来，我国谷子种植面积呈先下降、后上升的态势。从1978年至2009年，全国谷子种植面积由427.1万公顷减少至79.6万公顷，减少了81.4%；2009年至2017年我国谷子种植面积稳中上升，2017年回升至86.1万公顷。

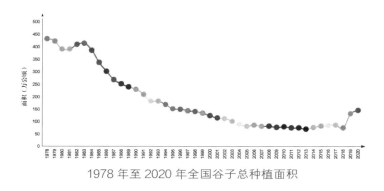

1978 年至 2020 年全国谷子总种植面积

我国谷子种植主要分布在内蒙古、山西、河北、陕西、辽宁、吉林、河南、山东、黑龙江、宁夏、甘肃、北京和天津等13个省区市，其中，内蒙古、山西和河北的谷子种植面积占全国总种植面积的67.1%，随着种植业结构的调整，新疆维吾尔自治区和安徽等新兴产区种植面积逐步扩大。

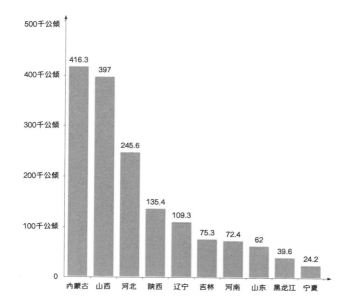

2017 年至 2018 年全国谷子种植面积排名前十的省和自治区

2. 单产突破

随着生产技术的不断提升以及谷子品种的不断改良，我国谷子的单产一直在提高，从1949年的0.847吨每公顷到2012年的2.440吨每公顷，单产水平翻了一番多。我国各省份之间谷子的单产差别较大。总体看来，吉林、山东的谷子单产水平较高，甘肃、陕西的则较低。同一省份年际间波动也较大，高时可达到4000公斤每公顷，低时不到300公斤每公顷。虽然波动较大，但是各省和自治区谷子的单产总体还是呈增长趋势，涨幅为10%~160%。

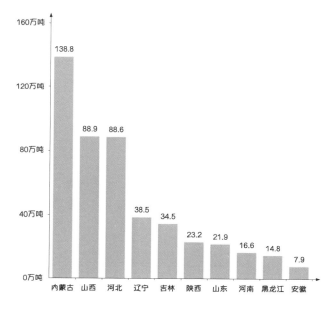

2017年至2018年全国谷子产量排名前十省和自治区

3. 技术迭代

"锄禾日当午，汗滴禾下土。谁知盘中餐，粒粒皆辛苦。"

烈日炎炎的正午，农夫们依然在田间挥汗如雨。李绅的《悯农》寥寥数语，字字含情，准确地体现了农民生产劳动的艰辛，同时也启迪人们从小养成节约粮食的良好习惯。

千百年来，谷子种植主要依靠人工播种、间苗、除草、收获，因缺乏配套机械，难以大规模生产，所以生产效率一直低下。近年来，科学家们研究出谷子精量播种机、中耕施肥机、联合收获机等系列生产机械，组装成适合不同区域的谷子轻简高效生产技术模式，使得谷子种植方式发生彻底变革，机械化轻简栽培成为现实。该项技术改变了数千年来人们种植谷子的方式，大大减少了人工投入，生产效率提高至少二十倍，涌现出一大批百公顷规模化生产的谷子新型经营主体，促进了谷子由传统小农、人力、畜力这种原始生产方式向现代产业化生产方式的转变。

机械化参与农业生产过程

4. 方法创新

谷子育种经历了原始育种、传统育种和分子育种三个时代的跨越，形成了具有典型时代特征的四个谷子选育方法，包括自然变异选择育种、杂交育种、诱变育种和生物育种。

第一阶段是自然变异选择育种。育种家利用天然杂交、自然突变进行优中选优的方法，选择高产、抗病、抗倒伏、优质的单株，下一年集中大面积繁殖，持续1~2个世代后，一个优良谷子品种就可以进入"考场"（产量比较试验）进行考试了。此方法的优点是简单、易行，缺点便是变异源有限，很难出现较大突破性品种。

第二阶段是杂交育种。就是将两个优异的品种进行杂交，再通过对杂交后代的筛选，获得具有父母本优良性状，且不带有父母本中不良性状的新品种的育种方法。如人们利用野生狗尾草和谷子杂交、回交进行质核互作型雄性不育系的培育，利用谷子和含有抗除草剂基因的青狗尾草杂交，将狗尾草的抗除草剂基因引入谷子中，培育出抗除草剂的谷子新品种。

杂交育种的关键环节——人工去雄

科研人员在田间进行杂交育种

杂交育种的关键环节——剪除多余谷码

第三阶段是诱变育种。这是人们用物理、化学因素诱导植物基因组发生变异，再从变异群体中选择符合人们要求的单株或个体，进而培育成新品种的育种方法。从1927年美国科学家H.J.穆勒发现X射线能引起果蝇发生可遗传变异以来，人们先后用X射线、γ射线、芥子气、中子等诱变农作物新品种。随着我国航天技术的发展，谷子先后搭载返回式卫星、高空气球等工具进入太空，利用太空特殊的环境诱变作用，使其产生变异，培育出新品种。

第四阶段是生物育种。这是一种现代育种新技术。随着谷子基因组测序完成，谷子的分子设计育种技术得到了进一步发展。科学家们首先通过对谷子等作物的生长、发育和对外界反应行为进行监测和预测；其次根据具体育种目标，构建品种设计的蓝图；最终结合全基因组选择、转基因技术、基因编辑技术及合成生物学等生物新技术培育出符合设计要求的农作物新品种。

科学家们正在根据生产和产业发展的需要，将抗病基因、矮秆基因、除草剂基因、香味基因、黄色素基因、高抗性淀粉基因等引入谷子品种中，创造出可

谷子生物育种技术

以满足人们食用、饲用、观赏用、药用等多元化需要
的谷子新品种。

　　正是科学家坚持不懈的努力，越来越多的矮秆、
抗倒伏、优质高产的谷子品种逐渐应用到生产中，为
我国粮食安全做出了积极贡献。

三、"谷"色"谷"香话姿态

在博大精深的中华传统文化中，谷子和外直中空的竹子一样，是谦谦君子的象征。人们常说，做人要放低姿态，像一株谦虚的谷子，默默地垂下头，用饱满的谷穗证明自己的实力。不是吗？谷子无法"言传"，却用一生的姿态启示人们：腰挺起来，是成长的需要；腰弯下去，则是成熟的标志。挺直腰，是一种品格；弯下腰，则是一种美德。谷子与人，皆是如此。

1. 多态穗形

悠久的栽培历史，广袤的种植区域，迥异的生态环境，漫长的自然选择和人工取舍，再加上自花授粉的特性，谷子很容易产生种质分化，形成繁多的品种。我国谷子种质资源十分丰富。20世纪50年代中期，我国科学家启动了对谷子种质资源的研究。各省区市也陆续开展谷子资源的征集工作，截至2012年，国家长期库共收集保存谷子种质资源26633份，中期库保存了15223份，并建立了与之对应的数据库管理系统。

这些谷子种质的形态与颜色千差万别，品质与口感大相径庭，产量与抗病性也截然不同。这种差异首先表现在谷穗的形状、刺毛的长短、刺毛的颜色等特征。

穗形具有多样性。谷子的穗部形态取决于第一级分枝（即穗码）的长短和在穗轴上的排列方式。普通型穗，第一级分枝不伸长，包括上下渐细中间粗的纺锤形、上下粗细均匀的圆筒形、上部渐尖中下部较粗的圆锥形、顶部较粗且穗码较紧密的棍棒形、穗轴很长且穗码稀疏的鞭绳形；分枝型穗，第一级分枝伸长，包括基部穗码伸长形成的龙爪形、顶部三个以上穗码伸长形成的猫足形、主轴顶端穗码分叉的鸭嘴形。

谷子的穗形

　　刺毛具有多样性。谷子穗部均有刺毛，刺毛的长度因品种而异，一般为1毫米至12毫米，以中短刺毛的品种居多。刺毛的颜色有绿、褐黄、浅紫或紫色等，大部分品种的刺毛为绿色。在刚抽穗时，刺毛色泽鲜明，开花结实后，随着籽粒的成熟逐渐褪色。

2. 多彩籽粒

　　吸天地之灵气，取日月之精华，聚人类之智慧，谷子在漫长时光的精雕细琢下，不仅穗形差异很大，籽粒的色与形也从单一逐步演变得五彩缤纷、形态各异。

谷子的学名叫粟。俗话说"粟有五彩"。这里的"五",类似于汉语里强调数目之多的"三""六""九",并非一个确数,"五彩"则是说明谷粒的色彩繁多。谷粒的色泽取决于稃皮的颜色,包括白、红、黄、黑、橙、紫色等。谷子脱壳后的小米籽粒的颜色大致可分为黄、白、灰、青色,以黄色和白色数量最多,约占中国谷子种质资源的90%。

多彩籽粒的颜色

不同花药的颜色

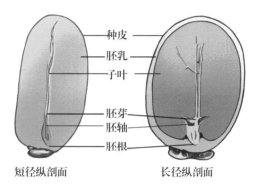

种皮

胚乳

子叶

胚芽

胚轴

胚根

短径纵剖面　　　　　长径纵剖面

谷子籽粒结构

　　谷子粒形、光泽、大小的多样性受遗传因素及栽培条件、生态环境的共同影响。谷粒的外形有圆形和卵圆形，表面有的光亮、有的暗涩。种皮有厚、薄之分。籽粒的大小常以千粒重衡量。在谷子品种中，千粒重最小的仅为1.5克，最大的为5克以上（一般为四倍体品种），大部分为2.5克至3.0克。

3. 多样营养

　　谷子是个百宝箱，富含蛋白质、脂肪、维生素、各种矿物质、碳水化合物和膳食纤维，成分均衡、营养全面，不仅是美味佳肴，还是首选的保健品。

　　经科学测定，去皮后的谷子，也就是小米，蛋白质平均含量为11.42%，高于稻米、小麦粉和玉米。它的蛋白质中含有人体必需的八种氨基酸，除了赖氨酸，其他七种都超过了稻米和小麦粉，尤其是色氨酸和蛋氨酸。小米粗脂肪平均含量为4.28%，高于稻米和小麦粉，与玉米近似，其中不饱和脂肪酸占脂肪酸总量的85%，是防止动脉硬化的食物。

小米中碳水化合物的含量为72.8%，低于稻米、小麦粉和玉米，因而小米是糖尿病患者的理想食物。每100克小米中维生素A、B_1的含量分别为0.19毫克、0.63毫克，均超过稻米、小麦粉和玉米。

小米中矿物质含量也很高，如铁、锌、铜、镁含量均远超过稻米、小麦粉和玉米；钙含量远超过稻米和玉米，低于小麦粉；还含有较多的硒，平均含量为71微克每千克。小米中膳食纤维含量是稻米的5倍，可促进人体消化。

总之，小米营养既丰富又均衡，可食药两用，常被孕妇、儿童和病人用于滋补、调养身体。小米还跟随我们的航天员进入太空，成为航天员的日常食物之一。

谷子不仅是食物界的"香饽饽"，在药用领域也

谷子的营养价值和药用价值

占有一席之地。我国古代就有小米药用的先例，如用
小米粒儿熬出来的粥，不但香、甜、糯，易被消化，
而且有促进食欲、健脾胃、补虚损、清虚热的功效。
病人食用小米粥后对恢复身体健康大有益处。有人曾
对78例脑出血病人进行饮食护理，结果发现：长期
进食小米粥，可以增强免疫力，促进胃肠功能恢复，
对病人康复具有积极的促进作用。研究认为小米中的
蛋白质对由D-半乳糖苷导致的肝损伤有修复作用。
另外，小米中的黄色素有保护眼睛，提高人体免疫

力，预防多种癌症，延缓衰老等功能。

4. 多味美食

世间万事万物，只要经过岁月的打磨和沉淀，最终都会留下所蕴含的精华，人们果腹虽然不过是一箪食、一瓢饮的事，但在一个"民以食为天"的国家，一箪食、一瓢饮滋生出了千百味道。

饮食之于国人，不只是为了填饱肚子，更重要的是展示对生活的态度，是微妙情感的融入，是对幸福未来的精心编织，是对美好生活的不懈追求。不论是什么样的食材，几经巧手、巧思，便会幻化出千般姿态、万种滋味。

大家知道粥是什么时候被端上了先民的餐桌吗？又是怎样一步步成为寻常百姓家中最常见的一种传统食品的？考古学家推测，从新石器时代人们发明了陶器开始，粥就可能诞生了。陕西的半坡遗址中就发现了彩陶，其中有一种口罐，可能是那时煮粥用的炊具。《周书》中也有"黄帝始烹谷为粥"的记载，可见中国人食粥的历史十分久远。

虽然小米粥做法简易，但融入了对家人的拳拳关

1. 将小米淘洗干净

2. 搅动一下，防止粘锅底

3.

根据自己的口味，添加辅料

4.

可以喝了

爱，一碗平常的粥也会变得精致且极具诗意。舀一勺，浓郁香醇，诱人食欲；吃一口，清爽滑润，唇齿留香。在果腹之余还能满足人们对视觉、味觉和营养的多重需求。

一粥一饭是日常的生活，一煮一蒸是人生的调和。

小米与其他粗粮搭配，熬出来粥的风味更加多样化。小米粥不仅好吃，而且营养丰富、全面，具有补肾气、益腰膝的功效，确实是上好的营养食品。小米粥经过一段时间的熬制，粥的最上层会浮出一层细腻的黏稠物，它就是粥油。粥油的滋补力非常好，能够保护胃黏膜，补益脾胃。为了获得优质的粥油，煮粥所用的锅必须刷干净，不能有油污，最好使用砂锅，小火慢熬。小米还可以和豆类一起烹煮，如绿豆、红豆等。

粉浆饭，是河南安阳和山西运城夏县的著名小吃。粉浆饭是用绿豆制作粉皮、粉条后的余汁，加入小米、黄豆、花生米、白菜、油，用文火熬制而成的，再佐以香油、香菜，入口便有一股独特的酸、香、甜、绵的味道。小口细品，犹如口饮清泉，浓而不腻，香中带甜；大口朵颐，则有清热利尿、健胃强身之效。粉浆饭是安阳老城一带人们非常喜爱的传统饭食，与"炸血糕""皮渣"一起被誉为安阳老百姓的"三大宝"。

粉浆饭

调和饭，又名和子饭，是山西、陕西居民的早、晚餐中最常见的食物，其基本组成为小米、薯类、蔬菜和各种面制食物。调和饭的主料和佐料都可以随地取材，是名副其实的百姓饭。调和饭是艰难时代的产物，勤劳、坚韧的中华儿女凭借一双巧手硬是将清汤寡水的苦日子熬出了多种滋味。调和饭不仅仅是百姓餐桌上的佳肴，也是家庭和睦的象征。

调和饭

小米蒸排骨，是江苏一带的传统风味小吃。小米中B族维生素的含量在粮食中最高，因此小米具有健脾养胃、通便、止泻、补血、益气等作用。小米搭配排骨，口感软糯，营养丰富均衡，且利于消化。

小米蒸排骨

　　粘豆包，是我国东北三省冬季餐桌上不可或缺的食物，以糜子或小米为主要原料，玉米面、大芸豆或红小豆为辅料。粘豆包不但营养均衡，更蕴含了古老的文化传承，是粗粮细作的先河。

粘豆包

小米炸，是贵州的特色小吃，由小米和油炸五花肉拌匀蒸制而成。其中米主要选糯小米，而肉最好为半肥半瘦的五花肉。出锅之后，小米软糯可口，肉肥而不腻，是一道佳肴。小米炸分为甜、咸两大类，食用时可依据个人喜好添加辅料。

小米炸

宁海脑饭，又名宁海豆腐脑，是山东省著名的传统小吃，以制作精细、鲜嫩可口而闻名于胶东。依据"文登包子，福山面，宁海州里喝脑饭"的俗语，足见它在当地受欢迎的程度。宁海豆腐脑始创于1927年，以小米和黄豆为主料。具体做法是将小米、大豆分别淘洗干净，用清水泡软，各自磨制成浆。再将米浆过滤，放置于锅内熬至黏稠，盛盆内备用。然后再将豆浆过滤放于锅内，煮熟后，去火降温至80℃～90℃，加入内酯（浆水、白醋水或石膏水）"点浆"，搅拌均匀后再静置5至10分钟，便可制成嫩豆腐脑。揭去豆腐皮，倒入盛放着米浆的盆内，颇具地域特色的宁海豆腐脑就可以出锅了。

宁海脑饭

　　小米发糕是一道点心，香甜适口、暄软膨松。将小米打成粉状，与面粉一起放入盆中，再将酵母和糖溶于水后倒入，将混合粉揉成比较黏手的面团。在发酵好的面团表面放少许红枣，冷水下锅，将面糊放入，蒸熟即可。

小米发糕

四、"谷"为今用话生长

1. 根生土长

随着大手一扬，谷子便不择沟坎，随遇而安，默默地汲取大地的滋养。一声春雷，一阵春雨，腿一伸，头一抬，就把原野的希望燃放。如同潜伏的千军万马，似有一声令下，便纵身一挺，绿色的"军装"就占领了原野沟崖；于是和着阳光与雨露，让孱弱的身躯向着天空茁壮成长；于是迎着雷霆与狂风，烈日与暴雨，拔节、分蘖，把一株禾坚定成树的姿态；于是抽穗、开花、灌浆，一切都是按部就班，一切都是对命运与规律坚定不移地敬重与遵循。一声雁鸣，金

色的舞台便在天地间搭建、延展；一阵风吹过，收获
的大戏就在蝉嘶蛙鸣中拉开序幕。而作为领衔主演的
谷子，此刻却如罗丹刻刀下的思想者，默默地低下了
头，凝视着脚下的土地。是陶醉？是感恩？还是在思
考生命本来的模样或意义？

　　如同人有婴、幼、少、青、壮、老年阶段一样，
谷子的成长分为出苗期、拔节期、孕穗期、抽穗期、
始花期、盛花期、灌浆期、乳熟期和成熟期等若干个
阶段。

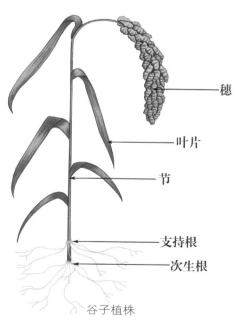

穗

叶片

节

支持根

次生根

谷子植株

谷子的一生

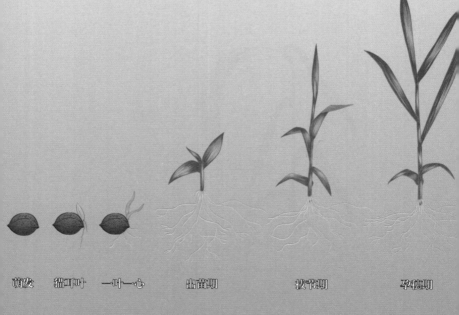

萌发　　猫耳叶　　一叶一心　　　出苗期　　　　　　　拔节期　　　　　　孕穗期

抽穗期   盛花期   成熟期

出苗期：从种子萌发到开始生长次生根，称为幼苗期。出苗后1~5天长出一片新叶，当谷苗有3~4片叶子时，土壤湿润，生出次生根，分蘖型品种开始分蘖，种子养分耗尽，小苗靠细弱的初生根吸收养分。

猫耳叶

拔节期：从生长次生根到开始拔节，称为拔节期。当谷苗长到10片叶子时开始拔节，此时谷子能长3~4层次生根，须根达15~25条，这是谷子生长的第一个高峰期，也是谷子最抗旱的时期，此时土壤不宜过湿。

拔节期

　　孕穗期：从拔节到抽穗，称为孕穗期。此时是谷子的根、茎、叶生长最旺盛的时期，也是谷子穗分化、发育的形成期，也是根系第二个高峰期，吸收水肥的速度增加。

　　抽穗期：谷穗露出顶叶的叶鞘，称为抽穗期，谷穗从露出到全部抽出需要3～5天，再经过三四天开花，花期为10～20天，开花后12～16天种子大小定型，进入灌浆期。谷穗随着茎秆的伸长而伸出顶部叶，幼穗分化形成，谷穗为穗状圆锥花序。

抽穗期

始花期：抽穗后2～8天，穗花首先在穗顶以下3厘米至5厘米处的分枝绽放，呈白色圆锥花序，然后向两端扩展，向阳面先开穗花。谷子是雌雄同株，自花授粉。

盛花期：开花后的3～6天为盛花期，花数达全穗数65%～75%，早晨6时至8时，晚上9时至10时为开花高峰，在一个月里陆续开放。首先从穗的中部开始开花，开花由顶部向基部渐次进行。

灌浆期：受精后，籽粒开始灌浆，变得饱满，先纵向生长，然后再横向生长。由穗中上部开始，然后向两端扩展。

乳熟期：籽粒的干物质呈线性增长，籽粒挤破后有乳白色液体出现。

成熟期：全部谷码达到正常的成熟色泽，种子含水量低于20%，籽粒干物质的量达到最大值，籽粒变硬，完全成熟后种子需5～10天进行脱水。

成熟期

谷穗局部图

　　生于忧患，死于安乐。自然万物遵循优胜劣汰、适者生存的规律，谷子也超越不了自然规律，这也是进化所需，只有经历大灾大难，才会置之死地而后生，进化成更优质的新品种，以适应人民和社会的需要。

2. 病害侵染

　　大千世界中有向阳而生的美好，也有默默承受的无奈。和人类一样，谷子也会承受"病痛"，让谷子生病的罪魁祸首就是病虫害，它们的存在不仅会导致谷子减产，而且会影响谷子的品质，所以谷子病虫害的防控就显得尤为重要。

根据科研人员的统计，目前导致谷子"生病"的原因有很多，名称也是五花八门，主要有锈病、谷瘟病、纹枯病、白发病、红叶病、线虫病等。在不同年份和不同地区，谷子发生病害的种类及其危害程度往往不一样。

锈病：谷子锈病一般发生在每年8月中下旬，且易发生在高温多雨的年份。发病时谷子叶片或叶鞘上形成红褐色孢子堆，绿色叶片上就像布满了红色的小蚂蚁。

锈病

谷瘟病：一种由真菌感染引发的谷类疾病。依据发病的部位及对应的谷子生长阶段，可分为苗瘟、叶瘟、节瘟、穗颈瘟和谷粒瘟，其中以叶瘟、节瘟和穗颈瘟危害最重。显著病症是在叶片、叶鞘、茎秆节部或穗颈形成褐色梭形、椭圆形病斑，并使叶、茎逐渐干缩甚至枯死。谷瘟病的流行程度与气象条件密切关联。通常，越是阴雨天气，谷子生谷瘟病的可能性就越大。

谷瘟病

纹枯病：一种由立枯丝核菌侵染引起的真菌病害。发病时，叶鞘、叶片上产生暗绿色或淡褐色、形状不规则的病斑，其后迅速合并扩大，形成长椭圆形云纹状的大块斑点。纹枯病主要危害叶鞘、叶片，严重时侵入茎秆并蔓延至穗部，可造成谷粒不饱满，空壳率增加，严重时会引起植株倒伏、枯死。

纹枯病

白发病：一种由白发病菌引发的谷类系统侵染病害。发病时会出现烂芽、死苗、灰背、枪杆、白发和刺猬头等病症。谷子白发病主要借土壤传播，土壤温湿度、播种深度对其侵染发病有重要影响。播种时如果土壤低温潮湿，将会延迟种子萌发及幼苗出土，此时，谷子易感染白发病。

白发病

白发病

红叶病：一种经大麦黄矮病毒引起的，由蚜虫进行持久性传播的谷类病害。发病后，紫杆品种叶片、叶鞘、穗的向阳面颖芒变红、变紫，绿秆品种叶片变黄。谷子感染红叶病后，会导致植株矮化，根系发育不良，谷穗短小或种子发芽率低；发病严重时，谷子不能抽穗，或抽穗而不能结实。

红叶病

线虫病：在谷子出苗前，线虫开始侵入，至抽穗期出现症状。此时，谷子不能形成正常谷粒，而是形成瘦尖状的病秕粒，谷穗向阳面变红，但是叶片全部是绿色的，严重可导致谷子绝产。

线虫病

3. 虫害侵扰

谷雨是二十四节气中的一个重要节气，它与雨水、小雪、大雪一样，都是反映降水现象的节气，是中国古代农耕文化对于节令的反映。谷雨前后气温快速回升，雨水增多，这有利于谷类农作物的生长，是播种移苗、种瓜点豆的最佳时节。

关于谷雨还有一个美丽的传说。开天辟地后，人类经历了几十万年没有文字的日子。到黄帝时期，朝中出了个能人仓颉，他立志要使人间摆脱没有文字的苦难，于是他辞官外出，遍访九州。后来又回到家乡，闭门独居三年，造出一斗油菜籽那么多的字。玉帝听到这件事，大受感动，决定重赏仓颉。但仓颉不要金银珠宝，却只愿"五谷丰登，让天下的老百姓都有饭吃"。第二天，上天便下了一场谷子雨。那谷粒下得比雨点还密，足足下了半个时辰，地上积了一尺多厚方才停住。黄帝为表彰仓颉造字的功劳，就把下谷子雨这一天设为一个节日，叫作谷雨节，命令天下人每年到了这一天都要载歌载舞，感谢上天。谷雨节就这样延续下来了。

美丽的"谷雨"传说，不仅寄托着先民们对仓颉造字的感激之意，更寄托着人们对粮食丰收的向往之情。

但随着气温的回升，雨水的增多，各类害虫也会快速繁殖，形形色色的害虫，成了谷子成长的巨大克星。

地下害虫（蝼蛄、蛴螬、金针虫）：（1）蝼蛄，在土里穿行，咬食刚发芽的种子或切断谷苗基部造成枯死苗，被害处为乱麻状；（2）蛴螬，主要危害谷苗地下根茎，造成死苗；（3）金针虫，通过钻蛀根茎造成枯心，致植株死亡，被害部位可见明显钻蛀孔洞。这些虫害严重时，可造成缺苗断垄。

蝼蛄

蛴螬

金针虫

粟茎跳甲：以幼虫危害为主，成虫亦可为害。幼虫由谷子茎基部咬孔钻入，造成枯心，可导致缺苗断垄。成虫沿叶脉啃食叶肉，只留下表皮，被害部位呈断续白条状。

粟茎跳甲

粟叶甲：幼虫舔食心叶叶肉，叶面呈现宽白条状的齿痕，严重时造成叶面枯死。成虫沿叶脉啃食叶肉，只留下表皮，叶面呈现断续白条状，较粟茎跳甲成虫危害时间长。

粟叶甲

玉米螟：幼虫蛀食茎秆，影响植株的养分运输，造成植株倒伏或白穗。老熟幼虫在作物茎秆中越冬。

玉米螟幼虫

玉米螟成虫

4. 鸟害侵袭

虽然鸟是人类的朋友，但有些鸟类也是危害农作物的主要"杀手"。在谷子成熟前后，大量麻雀不请自来，肆意啄食谷粒，影响收成。特别是谷子的田间

鸟害 1

鸟害 2

科学试验，麻雀的啄食不仅会造成试验误差，甚至导致试验报废，影响科学研究。

人们最早用人工看护、喷洒、投放农药等方法来防治鸟雀损毁作物。但这种方式成本过高，破坏生态环境。随着科技的发展，谷田的鸟害防控也取得了重要进展，如利用音响、光反射、药物、空间隔离等方法，防止鸟雀偷食谷子。

音响驱鸟：就是将鞭炮声、敲打声或模拟的鸟雀天敌的声音录制下来，再利用扩音器、高音喇叭或专业智能语音驱鸟器，不定时大音量播放，惊吓鸟雀，使其远离谷田。

光反射驱鸟：将旧光盘、反光纸、反光条悬挂于田间，利用这些反光物品在阳光下闪闪发光的特点，让鸟儿受惊离开谷田。

药物（驱避剂）驱鸟：药物驱鸟不是通过喷洒或投放毒药、毒饵，而是通过药物散发的特殊气味，影响鸟雀的呼吸、神经系统，使鸟雀闻后不适甚至丧失记忆，从而达到驱离甚至不会再来的目的。

空间隔离驱鸟：即架设隔鸟网防止鸟雀偷食。结合鸟雀的视觉特点，利用白色及红色等容易引起鸟雀注意的网状材料搭建隔离层，刺激鸟雀视觉，让其自动远离或无法进入田间。

当然，如同一切科研探索一样，在与鸟类斗智斗勇的过程中，鸟类侵害的防控不会"一劳永逸"。尽管上述每一种方法都是人民群众智慧的结晶，但鸟类从来也不是"吃素的"，它们的"慧眼"会很快识破人类的"诡计"，进而见招拆招。这场没有硝烟的战争，将会长久的持续下去。

5. 防微杜渐

病虫害是严重危害农作物生产的自然灾害之一。根据联合国粮农组织估计，全世界的农作物因病虫害常年损失在10%以上。据有关数据统计，2006年至2015年间，我国主要粮食作物因为病虫害每年造成粮食损失高达1400万吨。病虫害不仅会导致农作物的产量减少，还会给人类带来巨大灾难。2021年初，肆虐东非的蝗灾卷土重来，蔓延至也门、沙特阿拉伯、阿曼、伊朗、巴基斯坦、印度等国家。蝗虫所到之处，大量农作物被破坏，部分田地甚至已寸草不生，多个国家纷纷宣布进入紧急状态。

病虫害防控是谷子生长阶段的重点工作之一。

勤劳的中国人在与病虫害的交锋中积累了丰富的经验。其中常见的方法有农业防治法、物理防治法、化学防治法和生物防治法。进入现代文明后，随着各类新技术的广泛应用，更是开启了无人机防治谷子病虫害的新纪元。

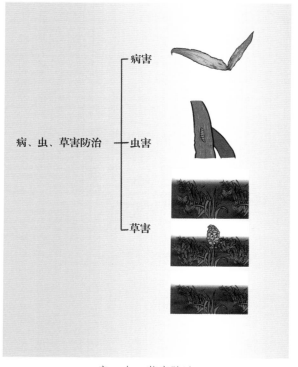

病、虫、草害防治

农业防治法：在作物种植时利用轮作，提前对土壤消毒杀菌，使用腐熟的有机肥，选择合适的栽种方法等方式，促进作物苗壮生长，降低染上病虫害的概率。

物理防治法：通过日光暴晒、使用黑光灯诱杀、建造障壁、使用高压电网等办法杀菌除虫。

化学防治法（喷洒农药）：传统病虫害防控的最主要的方式之一。人工喷洒农药存在耗时长、作业强度大、药液用水量大等不足，如果操作不当还可能导致施药人员中毒。

近年来，为了提高农药喷洒效率，降低农业植保的污染度，部分地区已经开始使用植保无人机来喷洒农药，基本上实现了农业生产的全面机械化。植保无人机属于遥控模式的小飞机，专门应用于农药的喷洒，这种机械体积相对较小。为谷子喷洒农药时是低空操作，喷洒每公顷地需要8分钟左右，而传统的人工喷洒农药方式完成每公顷地耗时8小时左右。可见，植保无人机的工作效率相当于传统人工农药喷洒的60倍。

无人机喷洒农药

　　生物防治的常见方式如下：一是利用害虫的天敌来以虫治虫。如利用七星瓢虫杀死蚜虫，利用食虫鸟雀捕食昆虫；借助寄生性生物杀死宿主，如利用赤眼蜂杀死螟虫。二是将人工合成的性外激素喷洒到农田，干扰和破坏害虫交尾，使害虫无法正常繁殖后代，从而有效控制害虫的泛滥。三是运用转基因技术将植物的抗虫性状的遗传基因转移到作物的体内，使作物自身产生抗病虫性。生物防治能有效地避免环境污染，保护生物的多样性，具有化学防治无法企及的优越性和发展前景。

五、酌"谷"斟今话管护

一粒粒谷种的播下，一个个希望就随着节令的律动在田间扎根、发芽，在农民的心中开花、成长。不论是老农驱牛耕田的身影，还是谷场上熠熠生辉的颗粒，无不让人凝神驻足，眼眸温暖，心神荡漾。一声鞭响，就是一曲田园牧歌；一个侧影，就是一幅水墨画卷。情思、智慧在布谷鸟婉转的歌声里和待割的谷穗中发酵、沉淀。

耕地

播种

晒垄

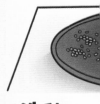

选种

积雪冻土

施底肥

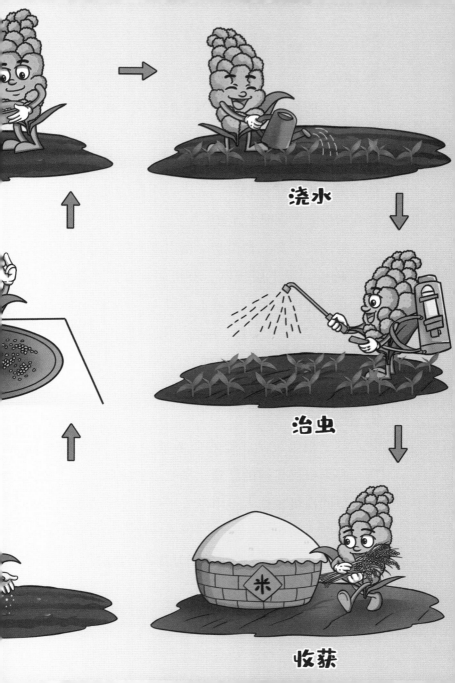

浇水

治虫

收获

1. 耕耘土地

谷子的环境适应性很强，耐贫瘠，耐干旱，抗倒伏。或许正是因为谷子具有这样的特性，它在先民最早培育的作物中迅速脱颖而出，成了五谷之首，先民的最爱。但要达到稳产、高产、质优的效果，地块选择和精耕细作依旧十分重要。

谷子喜干燥，怕雨涝，所以地块最好地势平坦、土质疏松、黑土层较厚、有机质含量高、排水性优良。最好轮作，尽量选择上茬没有种过谷子的地块。地块选好后，要深翻、细整，以保证土壤疏松、平整，无残株、残茬即可播种。

2. 肥沃土壤

谷子根系发达，肥料吸收能力强。为了获得高产，必须提供足够的肥料。基肥以农家肥为主，随种肥异位同播机械施入土中。谷子幼苗不需要氮肥，但在拔节期，需要增加肥量，以氮磷肥为主，可以有效提高谷子生长速度，满足谷子对营养的需求。

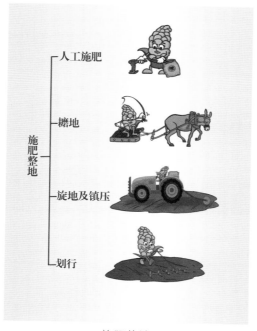

施肥整地

3. 顺应时节

农谚："好种出好苗。"种子质量的好坏，不仅影响出苗率的高低，对幼苗的生长强弱和产量高低也有较大影响。所以种子的选取要突出抗逆性强、丰产性好的优良品种。选好种子后，还要进行拌种处理。这样不仅能有效地减少田间杂草，避免地下虫害，隔离病毒感染，还能提高种子的发芽率和出苗率。

谷子种子发芽的最低温度是7℃，最适宜温度在13℃左右，幼苗不耐低温，因此确定谷子的播种期时要因地制宜。

4. 精量播种

墒，指土壤适宜植物生长发育的湿度。墒情，指土壤湿度的情况，也就是土壤层水分含量的情况。

谷子籽粒细小，发芽顶土能力弱，必须在墒情充

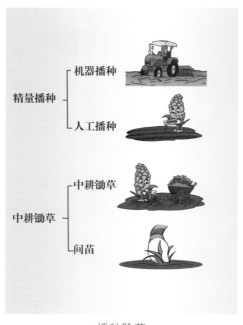

播种除草

足、疏松细碎的土壤中才易出苗。因而在开春解冻后应及早浅耕耙耕，精细整地，保护土壤水分。谷子的播种方法很多，常用方法是耧播和机播(条播、穴播)两种，要求撒籽均匀，不漏播，不断垄，深浅一致，播后要及时镇压。春旱严重、土壤墒情较差的地块可增加镇压的次数，以提高出苗率。

5. 精耕细作

谷子出苗后，就要加强田间管理，有以下几个环节。

早间苗、定苗。"谷间寸，如上粪"，早间苗，有利于促进种子根系发育，形成壮苗；晚间苗，幼苗之间争水争光，个体发育不良，易造成苗荒。一般来说，在幼苗"4叶1心"时开始间苗，争取在7叶前全部间完。间苗时应采用三角留苗法，基本原则是去弱苗，留壮苗；去杂苗，留齐苗；去病苗，留健苗。每株幼苗之间留4厘米左右的距离，过稀或过密都会影响产量。谷子精量播种机的问世，实现了精准控制播种量，一播全苗，省掉人工间苗、定苗的工序，降低劳动强度。

　　及时铲耥。随着气温的持续回升，降雨的不断增多，谷子便开启了疯长模式。与谷苗一起疯长的还有各种杂草。为了争夺有限的资源（养分、水分、光照等），它们之间展开了"殊死搏斗"。这时紧要的是"三铲三耥"。所谓"铲"，就是要把垄上的杂草铲干净，把垄上的土铲松软，把多余的苗儿锄去，"铲"过之后，垄台变低了，垄沟变浅了，就得把垄沟里的土再翻到垄台上去，这就是"耥"。

除草

"三铲三耥"就是铲三遍，耥三遍，其要领是"头遍浅，二遍深，三遍不伤根"。第一遍结合间苗进行，第二遍、第三遍分别是在谷子拔节期、抽穗前完成。"三铲三耥"的目的是除去杂草和多余的苗，增加土壤的疏松性，保证粗根壮苗，最终提高谷子产量。近年来，育种科学家将狗尾草中抗除草剂基因通过人工杂交技术成功导入谷子中，培育出抗除草剂新品种，再配合除草剂的喷施，可以有效防止杂草的生长，实现了借助科学技术进一步降低农民田间劳作强度的目的。

狗尾草

谷子

合理灌水："旱谷涝豆"，谷子是比较耐旱的作物，一般不用灌水，但在拔节、孕穗和灌浆期，如遇干旱，应急时灌水，并追施孕穗肥，促大穗，争粒数，增加结实率和千粒重。

防病治虫：谷子生长期要及时防治玉米螟、土蝗等害虫，干旱时注意防治红蜘蛛。如果后期多雨高湿，应及时防治锈病。

6. 硕果累累

谷子收获过早或过晚，都会影响产量和品质，谷子开花时间较长，同一个穗上小花的开花时间相差十天左右，成熟期不一致。收获过早，籽粒尚未成熟，不但产量低而且品质差，收获过晚则易落粒减产，一般以蜡熟末期或完熟初期，即颖壳变黄，谷穗断青，籽粒变硬时收获最好。

收获方式有联合收割和分段收割两种，使用联合收割机收割会使谷子破损率高，这也是需要机械专家攻克的一大难题。北方谷子主产区普遍采用分段收割技术，首先利用割晒机将成熟的谷子植株割倒，在谷茬上均匀摊平晾晒，经过两至三个晴朗天气的晾晒，就可以进行拾捡和脱粒的工作了。

　　脱粒是指谷子颗粒从谷子穗中分离的过程，原来北方农村谷子脱粒以碾子压为主，现在以电动脱粒机为主，使用电动脱粒机效率高，能保证谷子的颗粒完整、无损伤。成功的脱粒过程要保证谷穗上不再有谷粒，而且谷粒中不能有太多谷草上的碎屑，在完成脱粒以后，进行谷粒的净化工作。

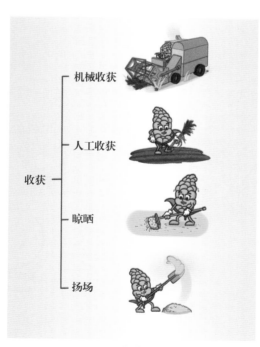

收获

　　净化是指在谷子脱粒过程中，谷粒要从谷穗中分离出来，同时也会产生一些较碎的秸秆等杂物，这些杂物必须与谷粒分开。现在用电动机械或电动筛子进行分离，原理是利用风力将谷粒与杂物分离。

谷子碾米机械

当谷子碾成小米的刹那，无数新的生命才真正地走进了人们的生活。只有真正了解谷子的生长，才会发现在浩瀚的天地间，每一粒小小的种子都是一个敢于直面风雨的勇士，每一株庄稼都是一位顶天立地的英雄，也才会更懂得一粥一饭都来之不易，每一粒米都弥足珍贵。

7. 颗粒归仓

谷子的种植，让人类流浪的脚步终于有了停歇。掌握粮食的储藏技巧，则为先民们度过漫漫严冬提供了充分的保障。有了充裕的粮食储备，纵使户外"淫雨霏霏，连月不开"或"千里冰封，万里雪飘"，户内却可告别饥饿，其乐融融。俗话说得好，"家有余粮心不慌"。

民如此，国亦然。管子曰："仓廪实而知礼节。"汉代贾谊认为："夫积贮者，天下之大命也。苟粟多而财有余，何为而不成？以攻则取，以守则固，以战则胜。"粮食作为人民的生活必需品，存储足够粮食是立国之本，强国之基。反过来，储粮不足，国家就会动荡不安，甚至有分崩离析的风险。

谷子之所以生存近万年，还在不断发展、创新，就是因为谷子籽粒有坚实的外壳，可防潮、防蛀且极耐贮藏。在一般的环境条件下，谷子可贮藏多年。而在冷凉干燥、通风良好的环境下，贮藏二十年左右也不会霉烂或被虫蛀。

谷子最早的贮藏方式可能是窖藏，这也是一种地下贮粮的方法。从目前黄河中、下游地区的考古发掘来看，窖藏是粮食贮藏的原始方式，如河北武安的磁山遗址、陕西西安的半坡遗址中都发现了大量的贮粮窖穴。

夏、商、周时期，窖藏仍是主要的贮藏方法。在河南郑州的二里岗商代遗址，这种窖穴分布广泛，最密集的地方，约200平方米范围内就有十余个，坑与坑之间的距离最近仅有两米左右。在陕西西安的张家坡西周居住遗址中，也发现过三个袋状窖穴。

贮粮地窖的形式有多种，窖藏作为最古老的一种贮藏方法，优点很多，"既无风雨、雀鼠之耗，又无水火、盗贼之虑"（王祯《农书》），所以一直是我国北方地区贮藏粮食的重要方法。但窖藏的不足也是显而易见的。地窖湿度较大，粮食容易受潮霉烂，一

窖

般不适宜贮藏谷类、豆类等粮食。为了克服窖藏的不足，人们又逐渐创造了仓、廪等贮藏方式。

据资料记载，至殷商时期，我国已经开始在地面上修造简陋的粮仓。仓在我国古代的名称很繁杂，主要的名称有仓、京、囷、窖等。《说文》中曰："方者曰京，圆者曰囷"。"窖"在《荀子·富国》中注云："掘地藏谷"，在王祯《农书》中云："夫穴地为窖"，可见，"窖"即储粮的地窖。"仓"在古代是专指存放未加工的粮食，而"廪"是专指存放加工好的成品粮。

仓　　　　　　廪

在现代，谷子收获后，通过种子干燥、精选、分级、包装等工序，可以有效保证和提高产品质量。其中谷物干燥是保证质量的一道关键工序。种子干燥的方法很多，主要可分为自然干燥法和人工机械干燥法（对流干燥法、红外线辐射干燥法、干燥剂干燥法等）。

生产上大多利用自然干燥法，即利用日光暴晒、通风和摊晾等方法降低种子水分，此方法简单、经济、安全，一般不易丧失种子活力，但必须备有晒场，易受气候条件的限制，遇到阴雨天气如果不及时处理会导致种子发芽；另外一种方法是人工机械干燥法，即使用烘干塔通过动力机械鼓风技术降低种子水分，具有干燥快、效果好、工作效率高等优点，逐渐被人们接受。当籽粒水分含量控制在12.5%以下，就可以入库保存，贮藏库温度条件应控制在25℃以下，相对湿度在65%以下。一般采用压紧麻袋、覆盖干燥草木灰等方式保存产品。

六、五谷丰登话加工

　　谷子从农耕时代出发，一路走来，虽渺小，却也哺育着伟大的华夏文明；虽低调，但也曾居庙堂之上。谷子在历史长河中姿态万千，绽放生命，一步步实现味的调和及形的变换。

　　谷子在百姓食物结构中的角色也在转换、更迭，但无论沧海桑田，谷子总是与人们相依相伴。以小米为原料制作的众多美味佳肴，形态多样，风味各异，在满足人们舌尖上需求的同时，也悄悄地改变着中国人的饮食版图，并展现出美好的未来。

　　特别是近年来，随着人们对谷子营养、保健价值认识的不断提高，谷子以更加丰富多彩的形象出现在大众面前，与之相关的各类深加工产品也纷纷横空出世，如小米醋、小米酒、小米糖和各种以小米为主料的休闲小食品等。这些产品在满足人们基本饮食需求的同时，或寄托情愫，或营造气氛，或展示品味，或折射审美，将灿烂丰富、博大精深的中华饮食文化演绎得淋漓尽致。

1. 方便食品

加工企业以小米为原料，可加工出多种美味食品，如利用小米精粉添加配料，可加工出小米酥蛋卷、小米婴幼儿营养粉、高级营养饼干、油茶粉、米乳精等儿童高级营养食品和老年保健食品。小米经过精加工和制糕点技术工艺处理，可生产出小米

小米摊黄儿

小米曲奇饼干

面桃酥、小米面全营养面包、小米面曲奇饼干和小米面夹馅蛋糕等适口性好，营养价值高，适合大众消费的新型糕点。

小米沙琪玛　　　　　　　　小米煎饼

小米面条　　　　　　　　　小米馒头

2.着色

小米黄色素是从小米中提取的天然色素，主要成分为类胡萝卜素，具有保护视力，提高机体免疫力，清除体内自由基及延缓衰老等重要功效。小米黄色素安全无毒、色泽明亮、着色力强，可以广泛用于糖果、食品、饮料的着色。用小米黄色素着色，不仅用量少，色彩自然逼真，无异味，口感好，还能提高食品的营养保健价值，具有广阔的开发前景。

3.酿酒

自明清以来，民间用黍或粟酿制米酒成风，酿制方法不下百余种。在陕北米脂，新年前几乎家家制作米酒，人们常用酒谷米或软米加少量饭米碾粉，发酵后不放碱，上锅蒸至八成熟，倒入陶盆后，稍冷，放入事先备好的麦芽酒曲，淋少许白酒，将盆口盖严，放在火炕头再发酵，一天一夜后打开，酸甜有酒味就说明米酒已发酵成功，可以入坛放到低温处储藏了。喝的时候，只需从坛中舀出适量米酒放入锅中，再加入适量的水烧开便可饮用了。陕北米酒味道别具一格，不仅是陕北人冬季经常饮用的酒水之一，也是他们款待亲朋好友和左邻右舍的佳酿。贺敬之在《回延安》诗中称赞："一口口的米酒千万句话，长江大河起浪花。"可见陕北米酒吸引人之处。陕北民歌《山丹丹花开红艳艳》中有："热腾腾儿的油糕摆上桌，滚滚的米酒捧给亲人喝。"更让陕北米酒享誉全国。

小米洗净

放置容器内

浸泡3小时以上

30~35℃

加酒曲并搅拌, 使饭与曲混

蒸熟

酒槽中间挖一个锥形凹口

用消毒过的布和橡皮筋封口

裹布保温

酒醪出汁

榨汁食用

发酵

加入适量的冷水

小米酿造的酒米散汤清，醇香浓郁，酸甜爽口，富含多种维生素、葡萄糖和氨基酸等营养成分。小米除了可以酿造米酒、白酒外，还可酿造啤酒。

4. 酿醋

醋，古代称"酢"或"苦酒"，还可以引申为味酸的。中国传统的酿醋原料，长江以南以糯米和大米（粳米）为主，长江以北以高粱和小米为主。

最早有关粟米醋的记载是西汉时期的典章制度书籍《礼记·内则》。在制作梅浆后，人们发现小米也可以制成酸浆。在两千多年前，古人就已利用曲发酵来酿粟米醋。尽管我们的先祖并不知道微生物是什么，但经过长期实践他们已掌握了酿造食醋的基本条件和过程。传统酿醋工艺因其独特而良好的风味，今后将与纯种固体制醋、纯种液态制醋等现代工艺路线并存发展。

酿醋

把谷子磨成粉

将碾碎的粉蒸熟

加曲，人工翻醅

越晒越浓，越陈越香

淋醋过滤，新醋成型

醋醅成熟后，进入熏醋工艺

5.制糖

战国时期，人们已经能用麦芽糖化淀粉来制糖。从《齐民要术》记载看，选用的原料主要是小麦、大麦、粟、黍和稻。在"煮白饧法"中提道："用粱米者，饧如水精色。"意思是用高粱米制成的糖洁白如水晶，质量最好。宋代药学家寇宗奭认为制作饴饧的原料需"糯与粟米作者佳，馀不堪用"。而明朝科学家宋应星则在《天工开物》中明言："凡饴饧，稻、麦、黍、粟皆可为之。"说明随着制糖工艺的不断成熟精进，制糖的原材料也越来越丰富。这里的"饴饧"有什么区别吗？国学大师季羡林在《文化交流的轨迹：中华蔗糖史》中有解释，"清者也就是软一点、湿一点、稀一点的"叫作"饴"，"稠者也就是硬一点、干一点"叫作"饧"。

关于饴糖的制作过程，《齐民要术》中写道："取黍米一石，炊作黍，著盆中，蘖末一斗搅和，一宿，则得一斛五斗，煎成饴。"从字面来看，饴的制法极为简单，只需将黍米煮熟成饭，与麦芽一起搅匀放在盆里，过一夜就得汁水，煎浓就成饴。但必须得知道，正如一切甜美事物来之不易，糖的制作过程远

非人们想象的那么简单，培育麦芽和将米煮熟成饭暂且不提，将那一大锅糖水煎浓成饴，就得耗费近一个晚上，你还得时刻守在灶前注意火的大小并提防汤溢出来，实在辛苦至极。

制糖

洗净谷子

将谷子烧成饭

与烧好的饭搅匀将麦芽

可以开吃啦

煎浓成饴

过一夜得到汁水

6.饲料

谷子的全身都是宝。小米自是不用说，最易被人们漠视的谷草也是上等的饲料。谷草的草质优良，谷草所含的粗蛋白为3.16%，可消化蛋白质为0.7%~1.0%，均高于麦秸、稻秸，略低于豆科作物。另据资料显示，普通谷子秸秆粗蛋白含量在8%左右，饲草谷子秸秆粗蛋白含量在15%以上，是禾本科中最优质的饲草。在美国，谷子主要用作干草作物，是上好的奶牛饲料。

谷糠中的细糠可作鸡、鸭、猪的精饲料，粗糠可作羊、鹅、兔的上等饲料。小米中蛋氨酸的含量在谷类中独占鳌头，在饲料中添加小米能提高鸡的产蛋率和饲料利用率。实践证明，在每只鸡的口粮中添加6克蛋氨酸，饲养6周后，鸡的体重可达上市标准。由此可见，我国北方农村用浸泡的小米喂养雏鸡是有科学根据的。由于谷子的可消化性强，可完全代替小麦或其他粮食作为小鸡的最初饲料。用含谷子量为63%~74%的配料为幼猪催肥，效果也更加明显，谷子的营养物质比大麦和其他精料更有助于积累脂肪。

7. 其他应用

科学家从谷糠中提炼出的小米糠油，可以作为化妆品及治疗皮肤病药物的优质原料。几百年前，人们发现酿酒妇女的手又白又嫩，经过仔细观察，发现秘密就在酿酒的原料中——米糠。从此，有些女性便把米糠磨碎后装在布袋里，浸泡在水中，每天早晚用米糠水洗脸。米糠在生活中容易取得，这种方法很受百姓喜爱。据现代研究显示，米糠中含有丰富的维生素A、维生素E、蛋白质、氨基酸和烟酸等物质。这些物质是天然的抗氧化剂，具有供给肌肤水分及营养、抑制肌肤细胞老化的功能。目前，用于个人护理用品的米糠提取物，已被广泛应用于乳液、面霜、洗发水和防晒等产品中。

小米糠油还可以治疗皮肤病，据化验，每50千克粗糠中含油4.22%，细糠中含油9.29%。由小米糠油和其他药品制成治疗皮肤病的软膏，疗效很好。米糠提油后剩余的无油糠，通过补充羽毛粉可以还原成有油糠，仍可作为猪和鸡的精饲料。

七、在谷满谷话诗歌

中国是诗歌的国度，千百年来，精美诗篇灿若星河，其中与谷子有关的，也不胜枚举。

"不稼不穑，胡取禾三百廛兮？"在伐檀者的眼里，谷子是奴隶主血腥掠夺自己的明证。

"彼黍离离，彼稷之苗。行迈靡靡，中心摇摇。"在亡国者的眼里，谷子是"黍离之悲"的触动点。

"寄蜉蝣于天地，渺沧海之一粟。"在失意者的眼里，谷子是渺小，是穷途。

"春种一粒粟，秋收万颗子。"在播种者的眼里，谷子是希望，是新生。

"重到田中立，黍稷何蘘蘘。吐穗欲及肩，鸟雀声亦喜。力穑乃有秋，斯言不虚矣"，"蟾宫仙种，几日飘鸳鸯。密叶绣团栾，似剪出、佳人翠袖。叶间金粟，蔌蔌糁枝头，黄菊嫩，碧莲披，独对秋容瘦"……一首首，一阕阕，字字珠玑，句句融情。如果可以穿越时光的迷雾，让人们查看早已尘封于历史之下的世间百态，谷子似领路人，一步步走进先民们的心灵深处，体味他们的喜怒哀乐，感知他们的脉动与心跳，指引他们走向更美好的生活。

通过这些诗词，我们可以深切感受到：从古至今，谷子（粟）不仅是果腹之物，更寄托了人们对美好生活的向往；不仅是黎民苍生的生计、情感所系，更是江山社稷的坚实根基与有力保障。

后记

　　经过一年多的努力，《光华灿烂·谷子》终于交付出版社。

　　我从事谷子等杂粮作物品种资源鉴选评价、新品种选育、栽培技术教学研究工作三十余载，从一粒种子播种到走上我们的餐桌，对谷子生长全过程可以说比较熟悉。也曾先后组织、参与编著出版相关专著二十余部，从来没有哪本书在写作之中让我如此忐忑不安。如何以一种轻松的语言激发青少年朋友们热爱、敬畏中国传统农作物，引领读者感受谷子生在逆境，不屈不挠，向阳而生的精神，赓续红色文化，立德树人，是此书创作的初心和难点。

　　谷子，又名粟，是哺育中华民族的重要农作物之一。在殷墟出土的甲骨片中已有"禾""粟""米"字的记载，大司空村、刘家庄北地出土的谷物遗存更是以粟为主。作为"百谷之长"的谷子在很长的岁月积淀中都承担黄河流域居民口粮的重任，中华人民共和国成立初期，我国谷子的播种面积仍然保持1.5亿亩。贫瘠的陕北大地上，小米还滋养了一支有理想、能战斗、打胜仗的中国革命队伍，革命队伍秉承着为人民服务的使命一路从陕北走向全国。随着农业机械化的更迭和时代需求，谷子逐渐退出了主粮的历史舞台。因此，当下青少年朋友面对这个源于中国的古老作物时感到明显的陌生。随着国家乡村振兴战略实施和健康中国理念的改变，谷子作为杂粮作物的代表，未来将在满足人民膳食健康需求和打赢种业翻身仗中发挥重要作用。

接到"中国饭碗"丛书主编师高民教授安排的任务时，深感写作难度。为了全面准确地表达丛书理念和要求，我们查阅了大量谷子的相关资料，2021年3月完成初稿后，周桂莲教授、牛宏泰教授、许育彬教授、魏永平教授、刘金荣研究员及靳军等同志和出版社编辑们分别审阅了文本，并进行了完善和修改。

为了实现本书的趣味性、艺术性和故事性，《光华灿烂·谷子》通篇以青少年的视角贯穿始终，灵魂人物"粟小宝"来源于谢易道小朋友的灵感；大量精美的插画由林䥽、姚婳绮、赵桦悦、刘一凡、刘憬臻、程焜、张飞飞、王云浩等人的反复修改制作完成。为力求完美，国家现代农业产业技术体系专家郭二虎研究员、董志平研究员、冯耐红研究员和李志勇博士、范光宇博士、刘佳博士、张卉博士、马前博士、李境博士、王涛博士、何红中博士、杜丽红、贺瑛等参与了照片和文字资料的搜集整理，期待得到读者喜爱。

感谢在本书编写过程中，各位领导、专家的鼓励和支持，在此一并致谢。也期望以我们的努力，献给读者一本比较满意的谷子科普读物。由于时间等原因，书中难免存在缺憾，敬请读者朋友多提宝贵意见，以期后续编撰过程中更加完美。